はしがき

　この健康器具の構成は、テコの原理と、バネの引張力の作用が、足、腰、背中等の屈曲運動をサポートし、これにより、筋力強化を向上させる。このサポートの運動方法を効果的に行う為に、足・腰の左右、上下、ひねり、前後移動等の屈曲運動の使用方法をキャラクターによりイラスト解説で表現したものである。

Preface

As for the composition of these health appliances, the action of the principle of a lever and the tensile force of a spring supports curvature movements, such as a leg, the waist, and the back, and, thereby, raises muscular power strengthening.

In order to perform the exercise method of this support effectively, the directions for the curvature movement of the right and left of a leg and the waist, the upper and lower sides, and a twist are expressed.

目　次

1、健康器具による足・腰の屈曲運動方法　解説（イラスト解説）

(1)　足の左右屈曲運動--5
(2)　足の上下屈曲運動--6
(3)　腰の左右ひねり運動--7
(4)　足・腰の上下屈曲運動--8
(5)　足・腰の前後移動運動--9
(6)　足・腰の前後移動屈曲運動--------------------------------------10
(7)　足・腰の移動ひねり運動　--------------------------------------11

2、英語解説

The curvature movement method of the leg and the waist by health appliances
Description (illustration description)

(1)　---13
The right-and-left curvature movement of a leg
(2)　---14
The Upper and lower curvature movement of a leg
(3)　---15
Right-and-left twist movement of the waist
(4)　---16
The Upper and lower curvature movement of a leg and the waist
(5)　---17
The to-and-fro movement of a leg and the waist

(6)　---18
Move-before and after leg and the waist curvature movement
(7)　---19
Twist movement of a leg and the waist

3、中国語解説

利用健康器具的脚、腰的伸屈运动方法解说（插图解说）

(1)　---20
脚的左右伸屈运动
(2)　---21
脚的上下伸屈运动

⑶ ————————————————————————22
拧腰的左右,运动
⑷ ————————————————————————23
脚、腰的上下伸屈运动
⑸ ————————————————————————24
脚、腰的前后运动
⑹ ————————————————————————25
脚、腰的前后移动伸屈运动
⑺ ————————————————————————26
一边移动脚、腰,一边拧的运动

4、公报解说————————————————————————27
5、Patent journal English ————————————————42

1、健康器具による足・腰の屈曲運動方法 解説（イラスト解説）
(1) 足の左右屈曲運動
　　内股の筋肉強化運動で、歩行の左右の安定を促進する。

⑵ 足の上下屈曲運動
　足首、膝などの筋肉強化により、上半身の姿勢を安定させる。

(3) 腰の左右ひねり運動
　　歩行において、身体の重心を安定させる筋肉強化。

(4) 足・腰の上下屈曲運動
　　足・腰の筋肉強化により、背筋が伸びる。

⑸ 足・腰の前後移動運動
　足・腰の歩行に必要な筋肉強化により、歩行を容易にする。

(6) 足・腰の前後移動屈曲運動
　　足・腰の前後・上下に必要な筋肉強化を促進する。

(7) 足・腰の移動ひねり運動
　　歩行中の足・腰・腕などの筋肉強化によりバランスを促進させる。

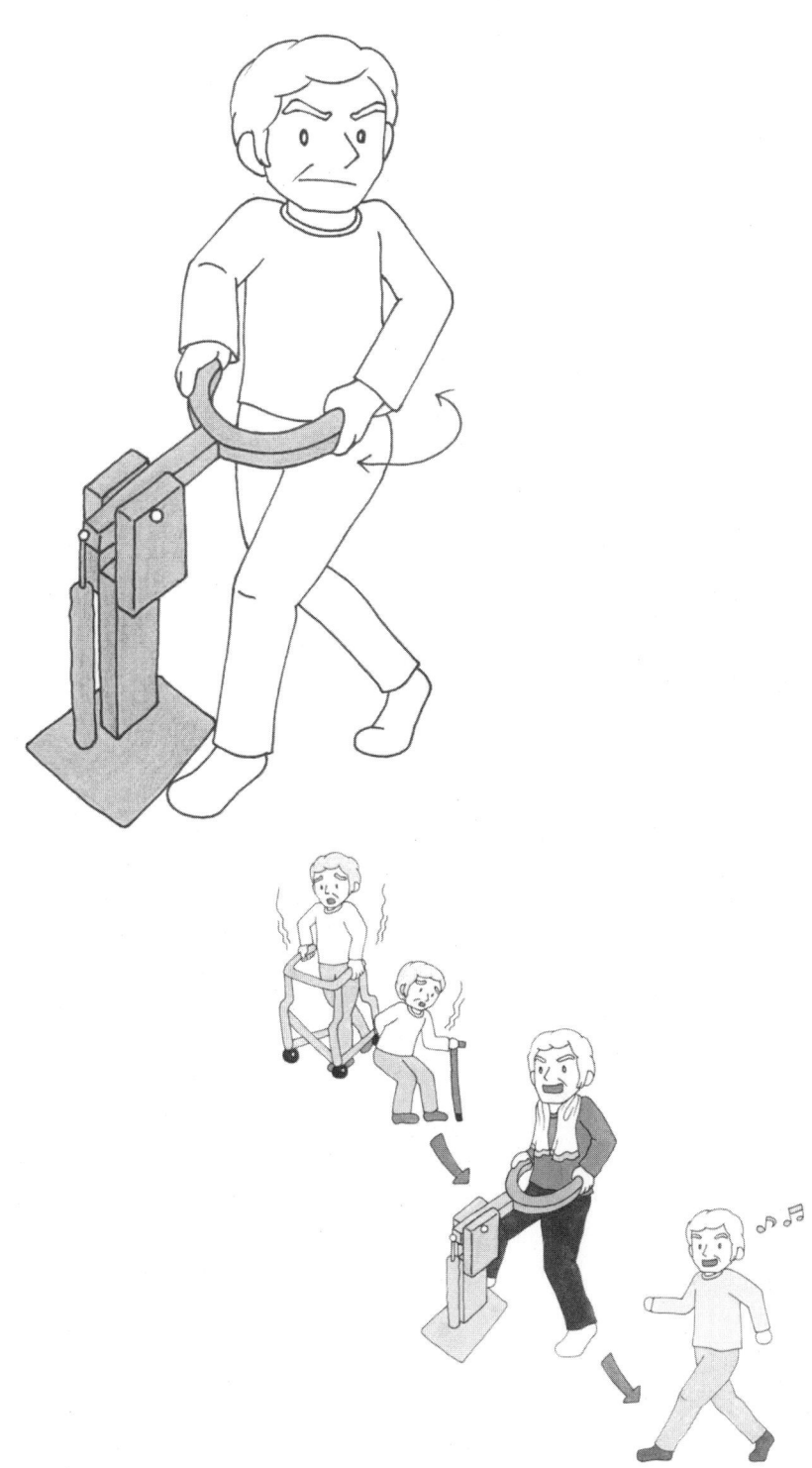

２、英語解説

The curvature movement method of the leg and the waist by health appliances

Description (illustration description)

(1)

The right-and-left curvature movement of a leg

Stability of a walk on either side is promoted by pigeon-toed muscular strengthening movement.

(2)
The Upper and lower curvature movement of a leg
The posture of the upper half of the body is stabilized by muscular strengthening of an ankle, a knee, etc.

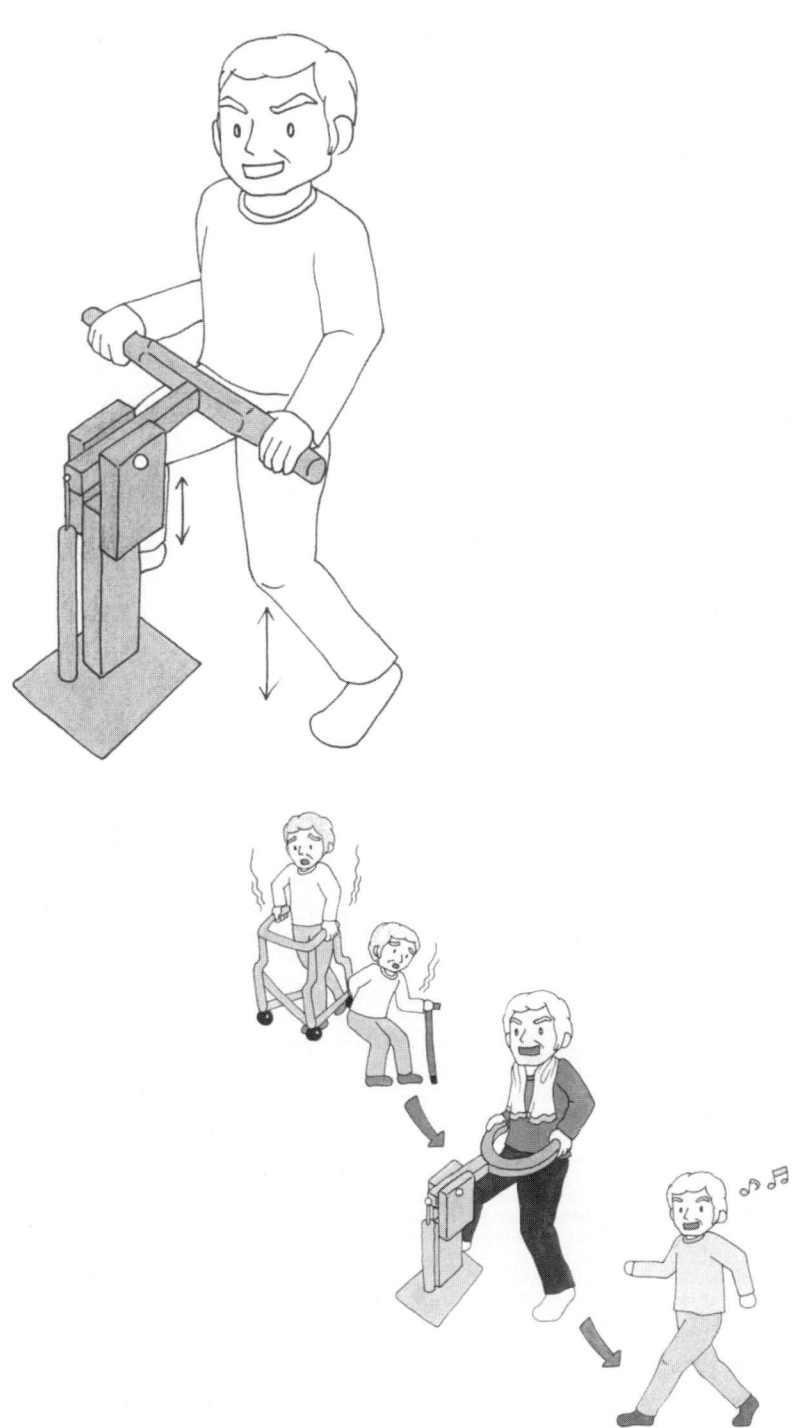

(3)
Right-and-left twist movement of the waist
Muscular strengthening which stabilizes the center of gravity of the body in a walk.

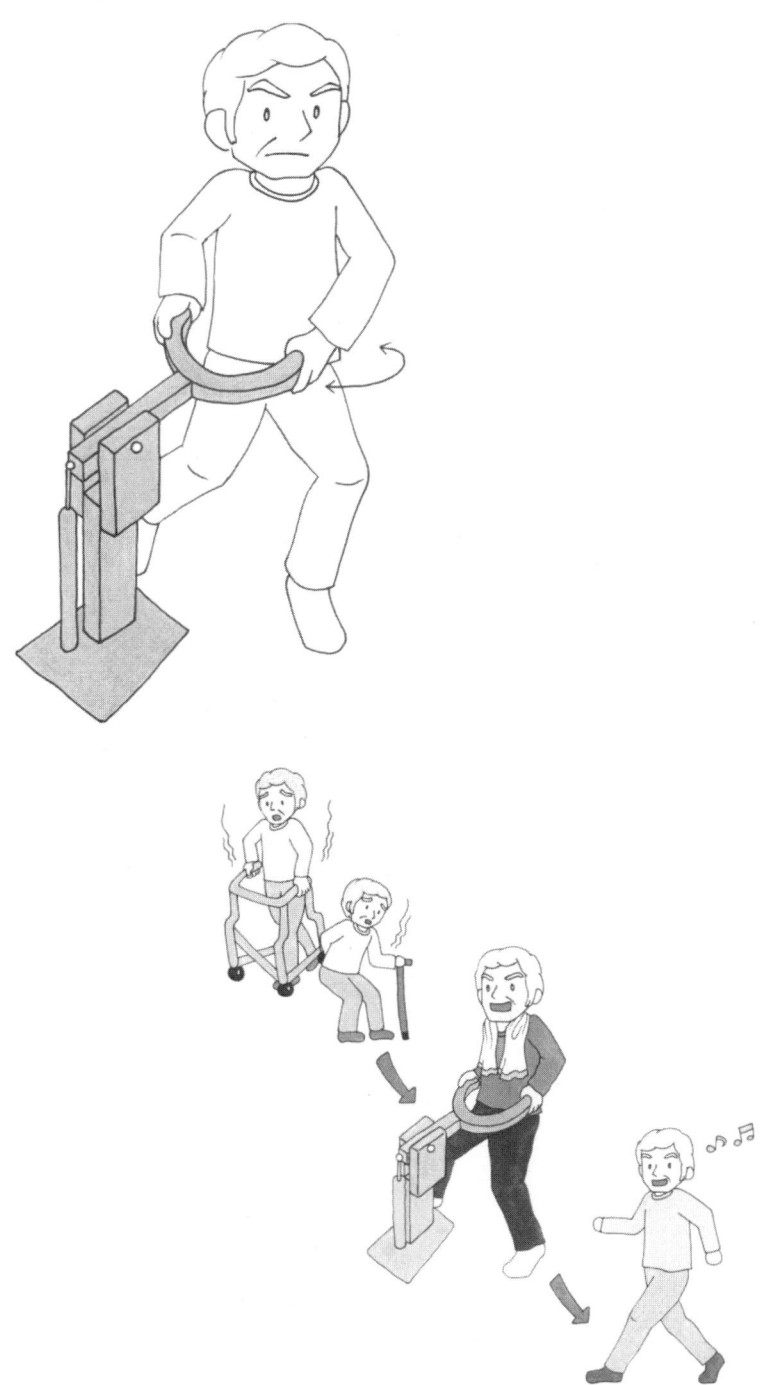

(4)
The Upper and lower curvature movement of a leg and the waist
By muscular strengthening of a leg and the waist, a posture becomes good.

(5)

The to-and-fro movement of a leg and the waist

A walk becomes easy by muscular strengthening of a leg and the waist.

(6)
Move-before and after leg and the waist curvature movement
Up and down required muscular strengthening before and after a leg and the waist is promoted.

(7)

Twist movement of a leg and the waist

Balance is promoted by muscular strengthening of the leg, the waist, the arm, etc. during a walk.

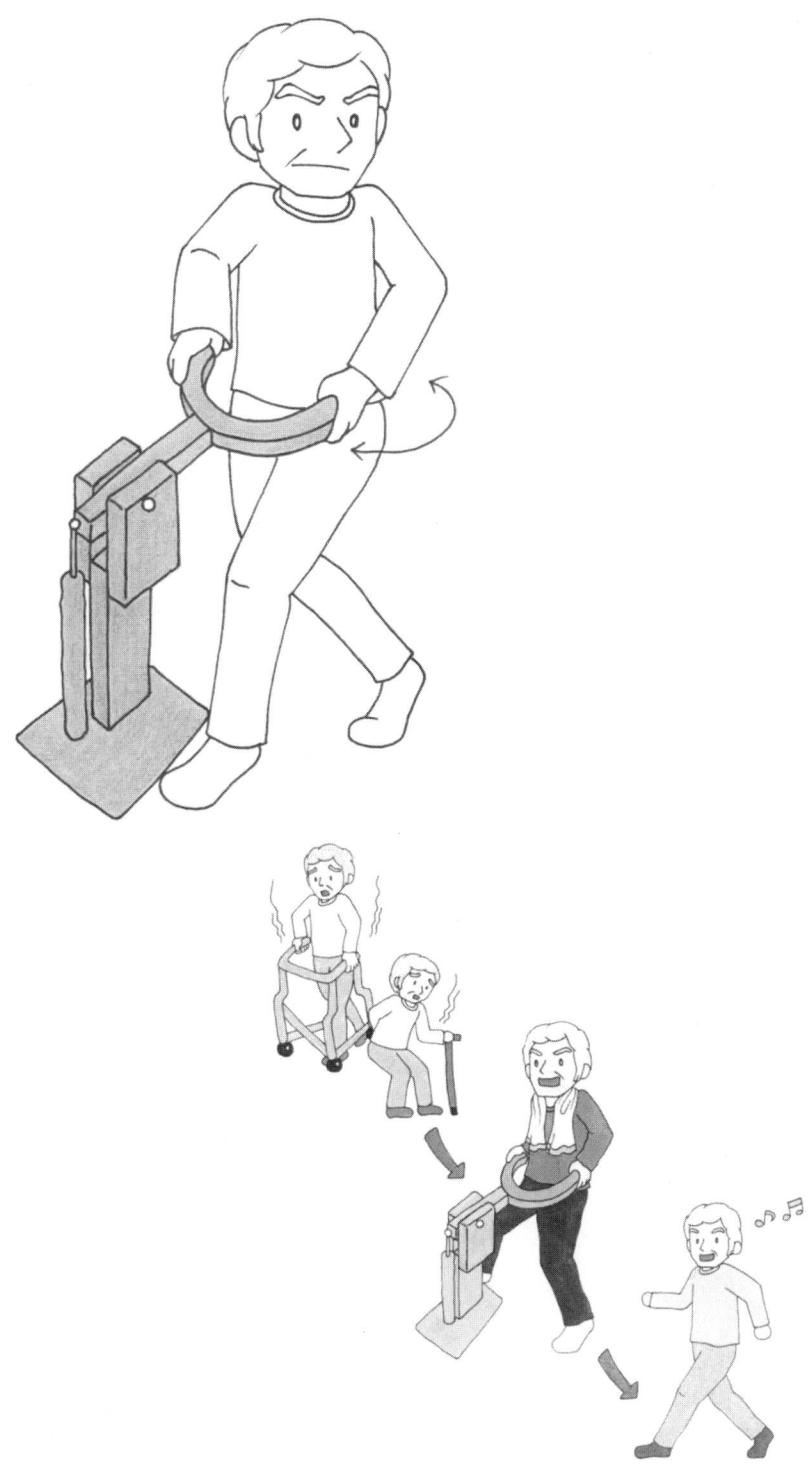

3、中国語解説

利用健康器具的脚、腰的伸屈运动方法解说(插图解说)

(1)

脚的左右伸屈运动

用大腿内侧的肌肉强化运动,促进步行的左右的稳定。

(2)
脚的左右伸屈运动
根据脚踝,膝盖等的肌肉强化,使上半身的姿势安定。

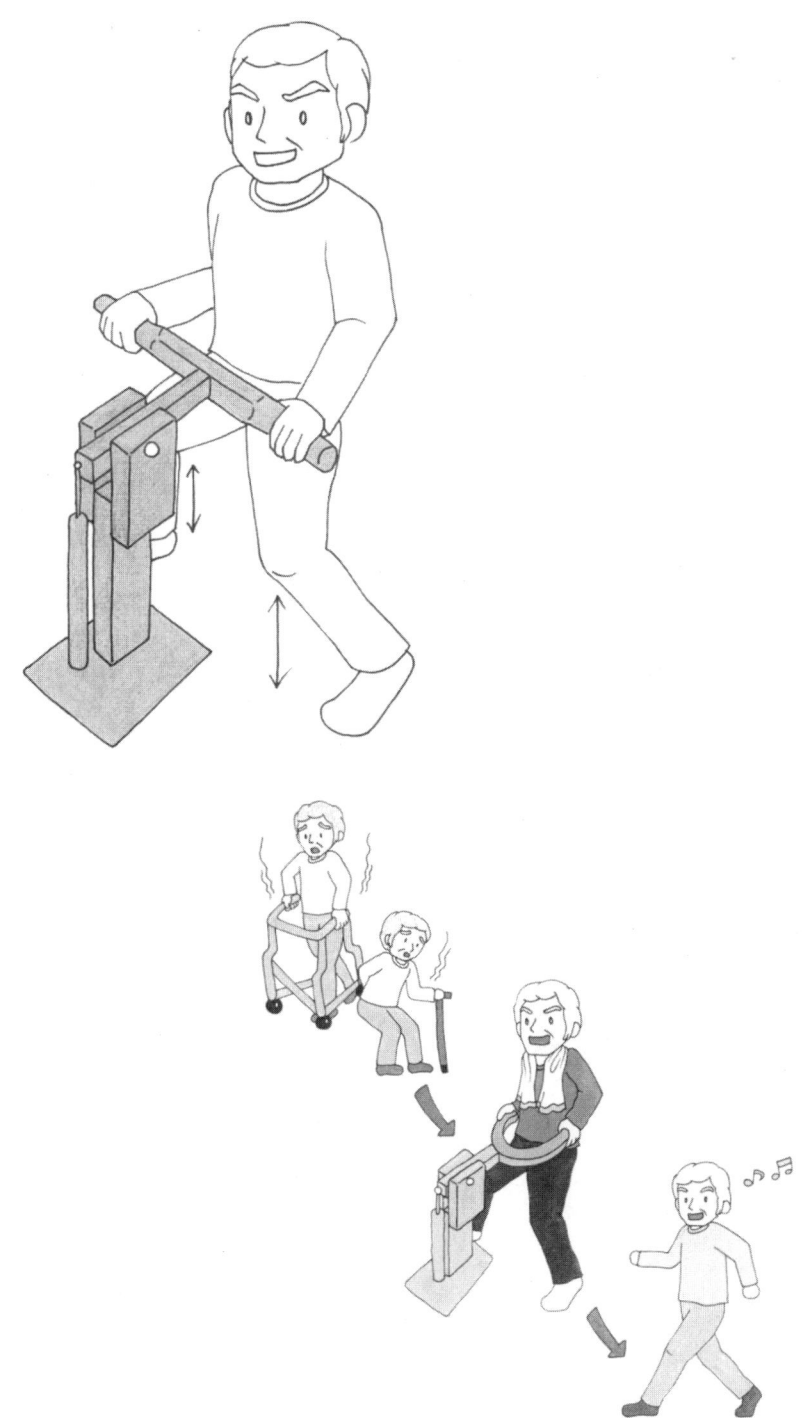

⑶
拧腰的左右,运动
使身体的重心在步行安定的肌肉强化。

(4)
脚、腰的上下伸屈运动
根据脚、腰的肌肉强化,姿势变好。

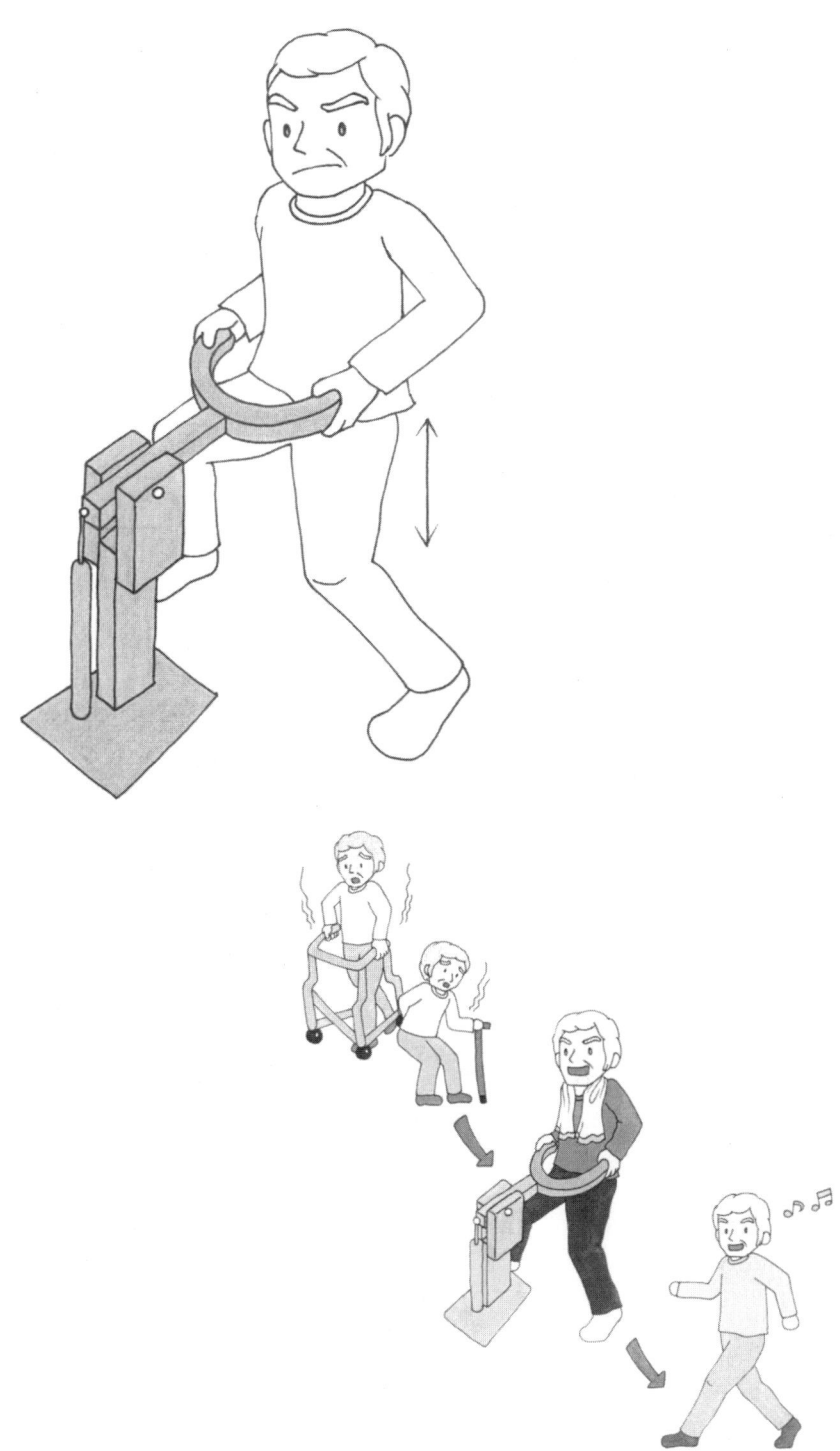

(5)
脚、腰的前后运动
步行变得用脚、腰的肌肉强化容易。

(6)
脚、腰的前后移动伸屈运动
促进脚、腰的前后、上下需要的肌肉强化。

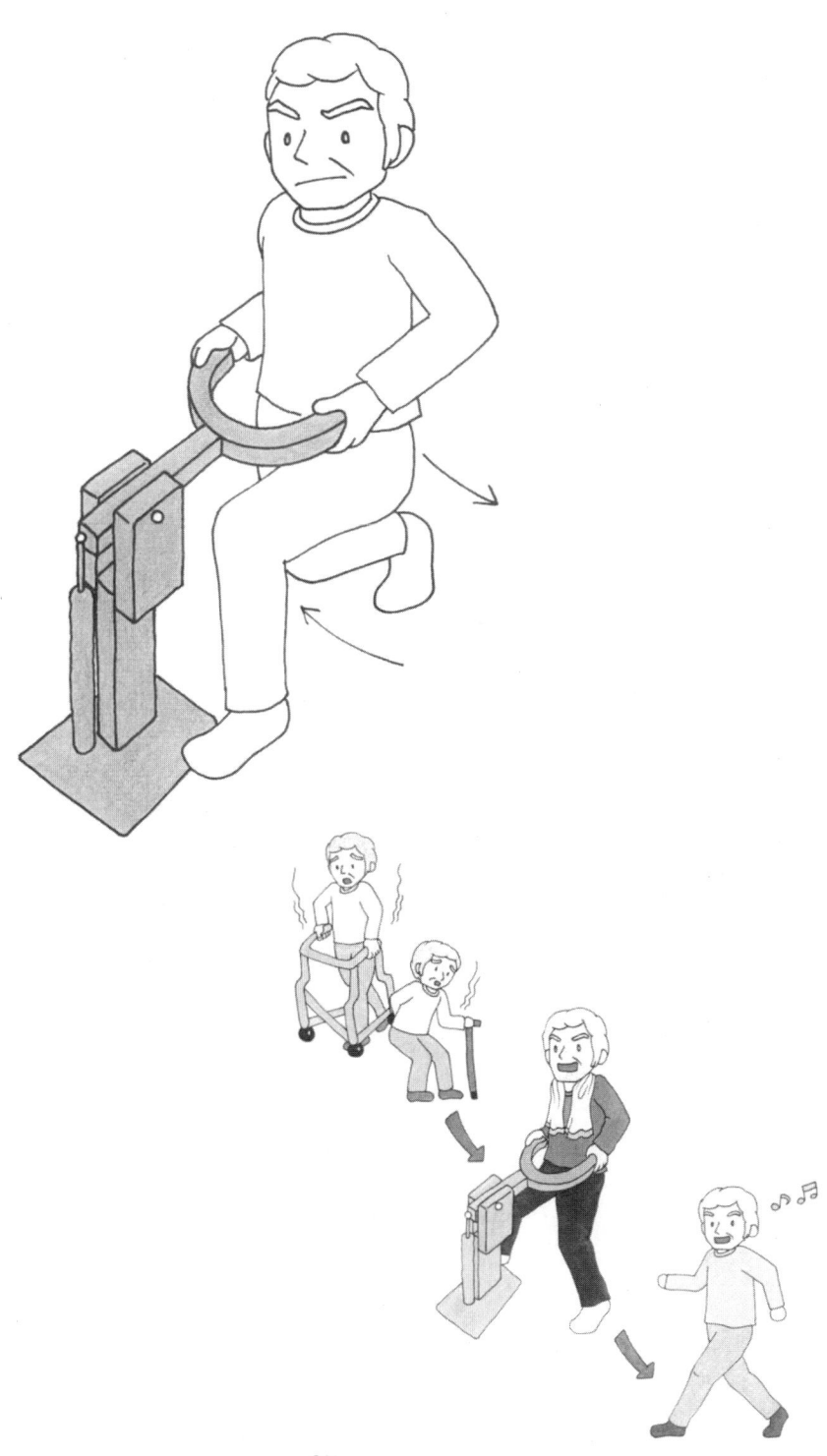

(7)
一边移动脚、腰,一边拧的运动
让根据步行中的脚、腰、胳膊等的肌肉强化促进平衡。

26

4、公報解説

実用新案登録第3189318号
考案の名称；健康器具
実用新案権者；根間一哲

【要約】　　　（修正有）
【課題】てこの原理と、バネの引張力を利用して、下肢の屈曲運動を安全に行えるように補助しつつ、屈曲運動によって健康の維持・増進を図る健康器具を提供する。
【解決手段】台2上に立設する支柱3と、支柱3の頭頂部を支点として支柱3に軸支された状態でシーソー運動をするフレーム1と、からなり、フレーム1は、一端に、台2に固定されたコイル状の引張バネ5が取り付けられ、他端には、使用者が手で押さえる持ち手部4が取り付けられていることで、支柱3の頭頂部を支点として、持ち手部4が上下に動くシーソー運動をすることを特徴とする健康器具。

【実用新案登録請求の範囲】
【請求項1】
台上に立設する支柱と、
支柱の頭頂部を支点として支柱に軸支された状態でシーソー運動をするフレームと、からなり、フレームは、一端に、台に固定されたコイル状の引張バネが取り付けられ、他端には、使用者が手で押さえる持ち手部が取り付けられていることで、支柱の頭頂部を支点として、持ち手部が上下に動くシーソー運動をすることを特徴とする健康器具。

【請求項2】
台上に立設する支柱と、支柱の頭頂部を支点として支柱に軸支された状態でシーソー運動をするフレームと、からなり、フレームは、一端に、台に固定されたコイル状の引張バネが取り付けられ、他端には、使用者が手で押さえ、使用者の胴周りを囲うようにU字状に形成された持ち手部が取り付けられていることで、支柱の頭頂部を支点として、持ち手部が上下に動くシーソー運動をすることを特徴とする健康器具。
【請求項3】
前記のコイル状の引張バネは、フレームの一端に取り付ける際のバネの長さを変えることで、引張力の強さを調節できることを特徴とする請求項1または請求項2に記載の健康器具。

【考案の詳細な説明】
【技術分野】
【０００１】
本考案は、てこの原理と、バネの引張力を利用して、下肢の屈曲運動を安全に行えるように補助しつつ、屈曲運動によって健康の維持・増進を図る健康器具に関する。

【背景技術】
【０００２】
従来から、てこの原理を利用して、下肢の屈曲運動を行い、足腰を鍛え、健康の維持・増進を図る健康器具は多数考案されている。
例えば、下記特許文献１には、木材で一対の柱、梁、梁上に固定した上段の腕木、シーソーになっている下段の腕木、上下腕木両先端をスプリング引きバネで連結、バネの反力を利用、対面するお互いの脚の自重、意識した力とともに脚が上下運動、さらにお互いの足を紐で連結し、脚の上下運動と連動してブランコのように足が前後に揺動し、脚が上下に、交互に、歩行の如く運動して、脚の筋肉をリハビリすると同時に強化する様に構成したことを特徴とするシーソー型脚機能回復装置が開示されている。

【先行技術文献】
【特許文献】
【０００３】
【特許文献１】特開２００３－１８０７６８公報

【考案の概要】
【考案が解決しようとする課題】
【０００４】
しかし、高齢者であればあるほど、下肢の可動範囲や運動力は低下するため、単に自律的に運動を行うだけでなく、安全に運動を行うことができるように、運動を補助することができる健康器具が望まれているが、そのような健康器具は、未だ提供されていない。
【０００５】
そこで、本考案は、上記問題に鑑み、てこの原理と、バネの引張力を利用して、下肢の屈曲運動を安全に行えるように補助しつつ、屈曲運動によって健康の維持・増進を図る健康器具を提供することを課題とする。

【課題を解決するための手段】
【0006】
本考案に係る健康器具(以下、単に「健康器具」という。)は、上記課題を、以下の手段によって解決することができる。
【0007】
本考案は、台上に立設する支柱と、支柱の頭頂部を支点として支柱に軸支された状態でシーソー運動をするフレームと、からなり、フレームは、一端に、台に固定されたコイル状の引張バネが取り付けられ、他端には、使用者が手で押さえる持ち手部が取り付けられていることで、支柱の頭頂部を支点として、持ち手部が上下に動くシーソー運動をすることを特徴とする健康器具である。
【0008】
本考案は、使用者が持ち手部を持ちながら、腰を落とすようにして繰り返し膝を屈曲させる運動を行うのに用いる健康器具で、特に、高齢者のように、下肢の可動範囲や運動力が低下した使用者でも安全に運動を行うことができるように、運動を補助することができる健康器具である。
【0009】
本考案は、持ち手部が取り付けられたフレームが、台上に立設した支柱の頭頂部を支点としてシーソー運動をし、使用者は、このシーソー運動を利用して膝の屈曲運動を行う。
フレームは、台上に立設した支柱の頭頂部に、シーソー運動が可能な状態で軸支されている。
フレームは、一端は、上記した持ち手部が取り付けられており、もう一端は、台に固定されたコイル状の引張バネが取り付けられている。
したがって、持ち手部を押し下げて下向きの力を加えると、台上に立設した支柱の頭頂部を支点として、持ち手部とは反対側のコイル状の引張バネが取り付けられたフレームの一端側が上向きに上がり、引張バネが台との間で引っ張られることで、台上に立設した支柱の頭頂部を支点として、フレームの持ち手部側に上向きの力(押し下げる際の反発力)が発生する。
反対に、フレームの持ち手部側が上向きに上がりきると、台上に立設した支柱の頭頂部を支点として、持ち手部とは反対側のコイル状の引張バネが取り付けられたフレームの一端側が下向きに下がりきり、引張バネは引張力を失い、フレームの持ち手部側には上向きの力も下向きの力も発生しなくなる。
このように、フレームの持ち手部を押し下げる際に生じる引張バネの引張力を利用して、使用者は、膝の屈曲運動を行う。

【0010】
なお、コイル状の引張バネは、フレームの一端に取り付ける際にバネの長さを変えることで、引張力の強さを調節できる。
持ち手部は、使用者が姿勢を安定させるために、健康器具を両手で把持するものであり、両手で把持できる構造、形状のものであれば、どのようなものでも良く、例えば、両端をそれぞれの手で把持できる棒状の部材がフレームに対して垂直に取り付けられていても良いし、U字状の開口部分が使用者の胴周りを囲うような形状をなしたものが取り付けられていても良い。

【0011】
本考案は、てこの原理を利用した上記シーソー運動を利用して、使用者が安全に下肢の屈曲運動を行えるようにするものだが、健康器具が、使用者に対して、どのように安全に屈曲運動を補助するかを以下に説明する。
使用者は、健康器具の前に立ち、フレームの一端に取り付けられた持ち手部を両手で掴む。
使用者は、持ち手部を掴み、持ち手部を押し下げながら、ゆっくりと腰を落とすようにして膝を屈曲させる。
このとき、持ち手部が押し下げられることで、台上に立設した支柱の頭頂部を支点として、持ち手部とは反対側のコイル状の引張バネが取り付けられたフレームの一端側が上向きに上がり、コイル状の引張バネが台との間で引っ張られることで、台上に立設した支柱の頭頂部を支点として、フレームの持ち手部側には上向きの力が発生する。
そして、使用者は、持ち手部側に発生する上向きの力に対抗しながら、自らの力で、持ち手部を押し下げて、ゆっくりと腰を落とすようにして、使用者の意思で無理の無い範囲で膝を屈曲させる。
使用者は、膝の屈曲をやめたいと思えば、持ち手部を押し下げるのを止めることで、持ち手部に加えられる上向きの力を利用して、ゆっくりと腰を上げることができる。
このようにして、使用者は、自らの意思で自らの力を使って、持ち手部側に発生する上向きの力に対抗しながら、持ち手部を押し下げて、安全に、ゆっくりと腰を落とすようにして膝の屈曲運動を行うことができる。
そして、膝の屈曲を止めれば、持ち手部に加えられる上向きの力を利用して、ゆっくりと腰を上げることができる。
このようにして、健康器具が運動を補助することで、高齢者のように、下肢の可動範囲や運動力が低下した使用者でも安全に無理なく運動を行うことができる。

【0012】
本考案は、台上に立設する支柱と、支柱の頭頂部を支点として支柱に軸支された状態でシーソー運動をするフレームと、からなり、フレームは、一端に、台に固定されたコイル状の引張バネが取り付けられ、他端には、使用者が手で押さえ、使用者の胴周りを囲うようにU字状に形成された持ち手部が取り付けられていることで、支柱の頭頂部を支点として、持ち手部が上下に動くシーソー運動をすることを特徴とする健康器具である。

【0013】
本考案は、使用者が持ち手部を持ちながら、腰を落とすようにして繰り返し膝を屈曲させる運動を行うのに用いる健康器具で、特に、高齢者のように、下肢の可動範囲や運動力が低下した使用者でも安全に運動を行うことができるように、運動を補助することができる健康器具であり、且つ、使用者が持ち手部をしっかり持つことができない場合でも、安全に持ち手部を持つことができるようにした健康器具である。
そのため、持ち手部は、U字形状をなし、開口部分が使用者の胴周りを囲うように、フレームの先端に取り付けられるようにした。

【0014】
その他の本考案に関する構造、機構などは、上記のとおりである。
また、本考案に係る健康器具の使用に関する説明も、上記のとおりである。

【0015】
本考案は、前記のコイル状の引張バネは、フレームの一端に取り付ける際にバネの長さを変えることで、引張力の強さを調節できることを特徴とする健康器具である。

【0016】
本考案は、使用者の運動力などに合わせて、運動を補助するバネの引張力の強さを調節できるようにした健康器具である。
具体的には、台に固定され、フレームの一端に取り付けられるコイル状の引張バネの長さを変えて、フレームの一端に取り付けることによって調整する。
例えば、引張バネを長めにしてフレームの一端に取り付けた場合、持ち手部を押し下げても、コイル状の引張バネは台との間で強く引っ張られることはないため、引張力は小さい。
そのため、フレームの持ち手部側に発生する上向きの力（押し下げる際の反発力）も小さい。
この場合、使用者は、簡単に持ち手部を低い位置まで押し下げることができるため、膝を深く屈曲させることになる。

そして、膝を元に戻し、身体を起こすときは、持ち手部に発生する上向きの力が小さいため、健康器具の補助を受けずに、自らの力で膝を伸ばして身体を起こすことになる。

これに対し、引張バネを短めにしてフレームの一端に取り付けた場合、持ち手部を少し押し下げるだけで、コイル状の引張バネは台との間で強く引っ張られるため、引張力は大きい。

そのため、フレームの持ち手部側に発生する上向きの力（押し下げる際の反発力）も大きい。

この場合、使用者は、持ち手部を低い位置まで押し下げることはできないため、膝を深く屈曲させる運動はできない。

しかし、膝を元に戻し、身体を起こすときは、持ち手部に発生する上向きの力が大きいため、健康器具の補助を受けて、少ない力で膝を伸ばして容易に身体を起こすことができる。

むしろ、高齢者などのように、下肢の可動範囲や運動力が低下した使用者には、バネを短くして取り付け、高い引張力を得られるようにして、膝を深く屈曲させる運動を控え、健康器具の補助を受けて、少ない力で膝を伸ばして容易に身体を起こすことができることを優先して、継続的に繰り返し運動を行えるようにすることが望ましい。

このように、極めて簡単な調節機構によって、使用者の運動力などに合わせて、運動を補助するバネの引張力の強さを調節することができる。

【考案の効果】
【００１７】
１）膝の屈曲運動を補助することで、安全に繰り返し膝の屈曲運動を行うことができる。つまり、本考案は、負荷を与えて使用者の運動効果を高めるものではなく、運動の補助を行うことで、無理なく、且つ、安全に運動を行うことができるようにしたものである。

２）持ち手部を押し下げる動作をするだけで、同時に膝の屈曲運動を行うことができ、その屈曲運動の負担は範囲は、持ち手部を押し下げるという自らの意思によって決定できるため、無理なく、使用者のペースで運動を行うことができる。

３）てこの原理を利用した簡単な機構によって、バネの引張力を、持ち手部に対して上向きに働く力に代え、使用者の身体を起こす際の負担を少なくし、使用者の屈曲運動を補助することができる。

４）極めて簡単な調節機構によって、使用者の運動力などに合わせて、運動を補助するバネの引張力の強さを調節することができる。

【図面の簡単な説明】
【0018】
【図1】健康器具の持ち手部が持ち上がった状態の上方斜視図
【図2】健康器具の持ち手部が押し下げられた状態の上方斜視図
【図3】図1の持ち手部がU字形状をなしている実施例の上方斜視図
【図4】図2の持ち手部がU字形状をなしている実施例の上方斜視図
【図5】図1の健康器具を使用者が使っている様子を示す上方斜視図
【図6】図2の健康器具を使用者が使っている様子を示す上方斜視図
【図7】図3の健康器具を使用者が使っている様子を示す上方斜視図
【図8】図4の健康器具を使用者が使っている様子を示す上方斜視図

【考案を実施するための形態】
【0019】
以下、本考案の実施の形態について、図を用いて説明する。
【0020】
図1及び2は、健康器具のフレームに垂直に取り付けられる持ち手部が棒状の形状をなした一実施例を示す図である。
【0021】
フレーム1は、台2上に立設した支柱3の頭頂部に、頭頂部を支点とする、てこの原理を利用したシーソー運動が可能な状態で軸支されている。
フレーム1は、一端には持ち手部4が、他端には台2に固定されたコイル状の引張バネ5が、それぞれ取り付けられている。
台2は、支柱3を固定し、コイル状の引張バネ5を固定できれば、どのような大きさ、形状であっても良い。
引張バネ5は、引っ張ったときに引張力を生じるものであれば、コイル形状以外の形状のバネを使用することもできる。
持ち手部4は、フレーム1に垂直に取り付けられ、棒状の形状をなしているが、角柱ではなく、円柱のものを使用することもできる。
持ち手部4の両端は、使用者が掴みやすいように窪みを設けたり、グリップ力を高める工夫を施すこともできる。
【0022】
図3及び4は、健康器具のフレームに垂直に取り付けられる持ち手部がU字形状をなした一実施例を示す図である。

【００２３】
持ち手部４は、Ｕ字形状をなし、開口部分を使用者側に向けてフレーム１の一端に取り付けられている。
持ち手部４は、角柱ではなく、円柱のものを使用することもできる。
また、手で掴む部分だけ、湾曲していたり、鉛直方向に突起状に形成することもできる。
さらに、持ち手部４の両端は、使用者が掴みやすいように窪みを設けたり、グリップ力を高める工夫を施すこともできる。
なお、持ち手部４は、使用者が姿勢を安定させるために、健康器具を両手で把持するものであり、両手で把持できる構造、形状のものであれば、どのようなものでも良い。
【００２４】
健康器具の高さは、使用者に合わせて変えることができるが、１ｍから１ｍ２０ｃｍ程度が好ましい。
なお、健康器具の高さは、フレーム１を支柱３に取り付ける頭頂部の高さを変えることで、簡単に調節することができる。
【００２５】
また、コイル状の引張バネ５は、フレーム１の一端に取り付ける際に引張バネ５の長さを変えることで、引張力の強さを調節できる。
引張力が強くなれば、持ち手部４に発生する上向きの力（押し下げる際の反発力）が強くなる。
そうすると、使用者は、より強く持ち手部４を押し下げなければならず、より慎重に、膝の屈曲運動を行うようになる。
そして、膝の屈曲運動をやめて、持ち手部４を押し下げるのを中止したあとは、持ち手部４に働く上向きの力を利用して、簡単に身体を起こして膝を伸ばすことができる。
そのため、高齢者などのように、下肢の可動範囲や運動力が低下した使用者には、引張バネ５を短くして取り付け、高い引張力を得て、健康器具を使用することが好ましい。
このように、極めて簡単な調節機構によって、使用者の運動力などに合わせて、運動を補助する引張バネ５の引張力の強さを調節することができる。
【００２６】
以上の構成からなる本考案に係る健康器具は、持ち手部４を押し下げることで、台２上に立設した支柱３の頭頂部を支点として、持ち手部４とは反対側のフレーム１

の端部、つまり、バネが取り付けられている側の端部が上向きに上がる。
それによって、台2に固定された引張バネ5が伸び、引張力を生じる。
そうすると、頭頂部を支点とする、てこの原理によって、作用点となる持ち手部4には、上向きの力が生じる。
この持ち手部4の上げ下げ（シーソー運動）を利用して、使用者は、膝の屈曲運動を行う際の運動の補助を受ける。
【0027】
具体的には、引張バネ5に引張力が生じると、持ち手部4には上向きの力が生じ、押し下げる際の反発力が生じることになる。
そうすると、持ち手部4を押し下げて、腰を落としながら膝を屈曲させるときは、常に持ち手部4から上向きの力が生じ、簡単には押し下げることはできず、ゆっくり膝を屈曲させることになる。
つまり、使用者は、持ち手部4の上向きの力（反発力）を受けながら、自らの力で徐々に膝を曲げることになり、膝を曲げすぎたり、何度も屈曲運動をして膝を悪くすることがない。
このように、無理せず、安全に、且つ、慎重に、膝の屈曲運動を行うことができる。
【0028】
そして、膝を曲げるのをやめると、使用者は、持ち手部4の上向きの力（反発力）を利用して、簡単に身体を起こすことができる。
持ち手部4が上がりきったときは、上向きの力（反発力）はなくなる。
そこで、使用者は、再度、膝を屈曲させながら持ち手部4を押し下げることで、持ち手部4に上向きの力（反発力）が生じ、使用者の運動を補助してくれるようになる。
このように、使用者は、屈曲運動の補助を受けながら、楽に、繰り返し、膝の屈曲運動を行うことができる。
【0029】
図5乃至8は、使用者が健康器具を使っている様子を示す上方斜視図である。
使用者が健康器具を使って膝の屈曲運動を行う方法を以下説明する。
【0030】
使用者は、健康器具の前に立ち、フレーム1の一端に取り付けられた持ち手部4を両手で掴む（図5または図7の状態）。
使用者は、持ち手部4を掴み、持ち手部4を押し下げながら、ゆっくりと腰を落とすようにして膝を屈曲させる（図6または図8の状態）。
このとき、持ち手部4が押し下げられることで、台2上に立設した支柱3の頭頂

部を支点として、持ち手部4とは反対側のコイル状の引張バネ5が取り付けられたフレーム1の一端側が上向きに上がり、コイル状の引張バネ5が台2との間で引っ張られることで、台2上に立設した支柱3の頭頂部を支点として、フレーム1の持ち手部4側には上向きの力が発生する。

そして、使用者は、持ち手部4側に発生する上向きの力に対抗しながら、自らの力で、持ち手部4を押し下げて、ゆっくりと腰を落とすようにして、使用者の意思で無理の無い範囲で膝を屈曲させる。

使用者は、膝の屈曲をやめたいと思えば、持ち手部4を押し下げるのを止めることで、持ち手部4に加えられる上向きの力を利用して、ゆっくりと腰を上げることができる。

このようにして、使用者は、自らの意思で自らの力を使って、持ち手部4側に発生する上向きの力に対抗しながら、持ち手部4を押し下げて、安全に、ゆっくりと腰を落とすようにして膝の屈曲運動を行うことができる。

そして、膝の屈曲を止めれば、持ち手部4に加えられる上向きの力を利用して、ゆっくりと腰を上げることができる。

このようにして、健康器具が運動を補助することで、高齢者のように、下肢の可動範囲や運動力が低下した使用者でも安全に無理なく運動を行うことができる。

【0031】
また、引張バネ5を固定してバネが伸びないようにしたり、引張バネ5自体を外すことで、持ち手部4を手摺として使用できる。

持ち手部4を手摺として使用することで、高齢者でも、他の健康器具（例えば、足踏み用の踏み台など）を併用した運動に、本健康器具を用いることができる。

【0032】
なお、本考案に係る健康器具を使って、実際に膝の屈曲運動を行ってみたところ、効果には個人差があるが、それまで歩行器を使ったり、第三者による補助を受けなくては、自力で歩けなかった人が、2週間程度で歩けるようになっており、本考案に係る健康器具の有用性を確めることができた。

【符号の説明】
【0033】
1　フレーム
2　台
3　支柱
4　持ち手部
5　引張バネ

【図面の簡単な説明】
【0018】
【図1】健康器具の持ち手部が持ち上がった状態の上方斜視図
【図2】健康器具の持ち手部が押し下げられた状態の上方斜視図
【図3】図1の持ち手部がU字形状をなしている実施例の上方斜視図
【図4】図2の持ち手部がU字形状をなしている実施例の上方斜視図
【図5】図1の健康器具を使用者が使っている様子を示す上方斜視図
【図6】図2の健康器具を使用者が使っている様子を示す上方斜視図
【図7】図3の健康器具を使用者が使っている様子を示す上方斜視図
【図8】図4の健康器具を使用者が使っている様子を示す上方斜視図

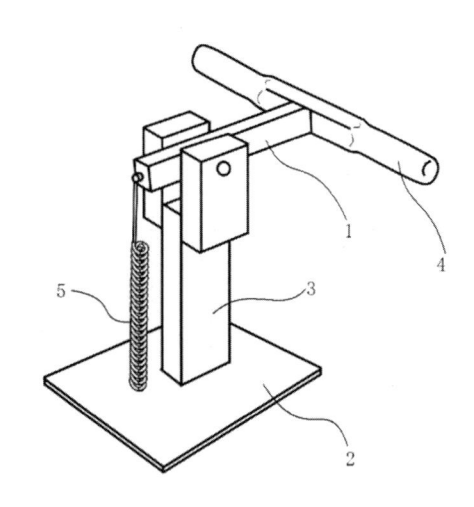

【図1】

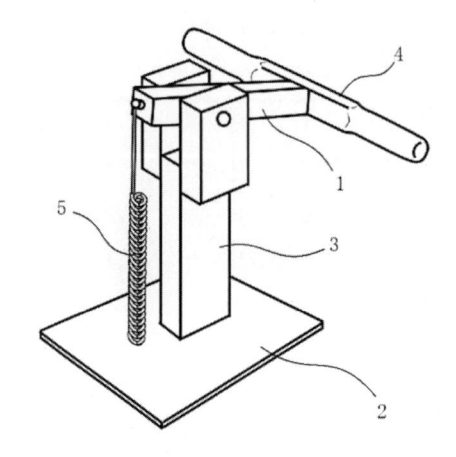

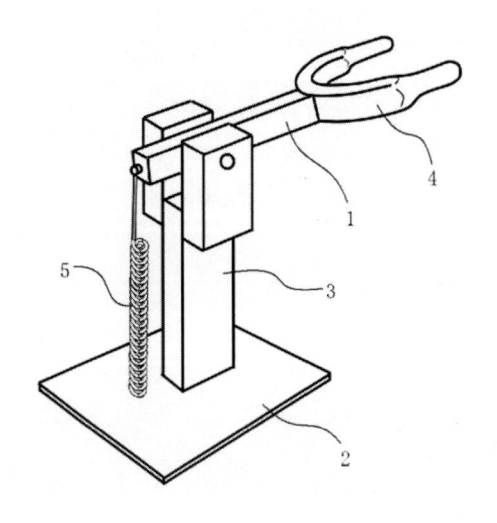

【図2】

【図3】

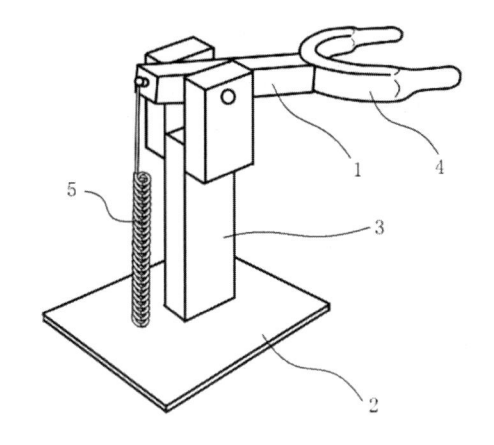

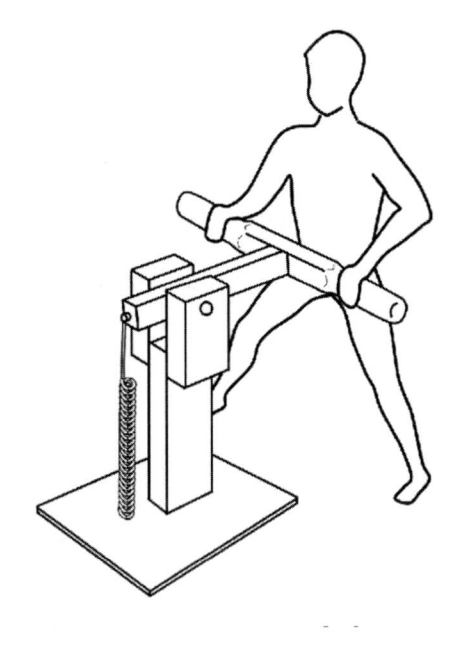

【図4】

【図5】

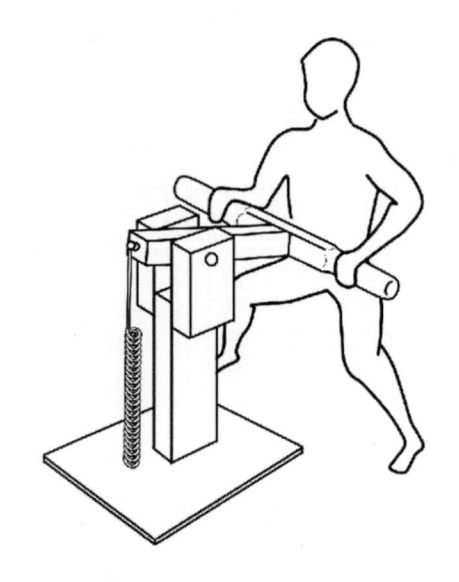

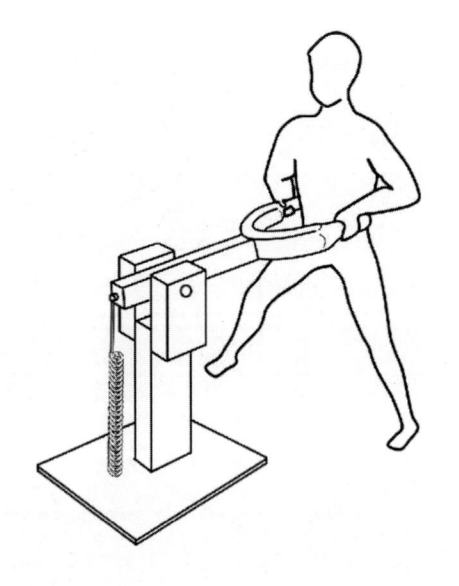

【図6】

【図7】

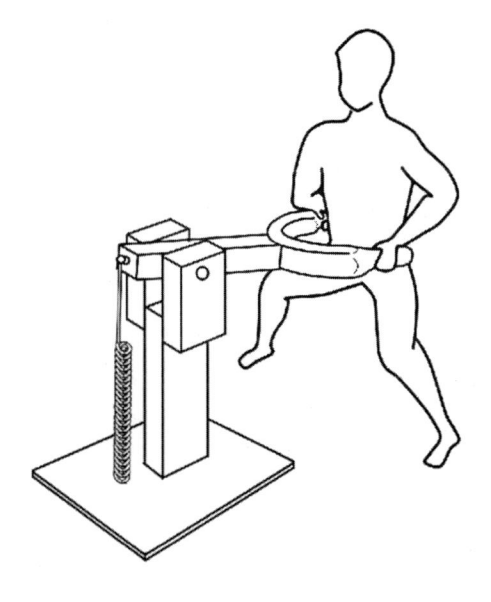

【図8】

41

5. Patent journal English

[Claims]

[Claim 1]

A support set up on a stand,

A frame which carries out a seesaw movement after having been supported pivotally by support by making the parietal region of a support into a fulcrum, ** and others,

A frame,

A coiled extension spring fixed to an end by stand is attached,

It is that a carrying handle which a user presses down by hand is attached to the other end,

A carrying handle carries out a seesaw movement which moves up and down by making the parietal region of a support into a fulcrum.

Health appliances characterized by things.

[Claim 2]

A support set up on a stand,

A frame which carries out a seesaw movement after having been supported pivotally by support by making the parietal region of a support into a fulcrum, ** and others,

A frame,

A coiled extension spring fixed to an end by stand is attached,

It is that a carrying handle formed in the shape of a U character so that a user might press down by hand in the other end and a circumference of a user's trunk might be enclosed to it is attached,

A carrying handle carries out a seesaw movement which moves up and down by making the parietal region of a support into a fulcrum.

Health appliances characterized by things.

[Claim 3]

The aforementioned coiled extension spring,

It is changing the length of a spring at the time of attaching to an end of a frame,

Strength of tensile force can be adjusted.

The health appliances according to claim 1 or 2 characterized by things.

[Drawing 1]

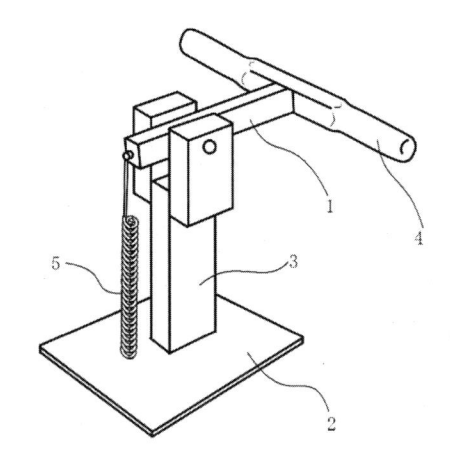

[Drawing 2]

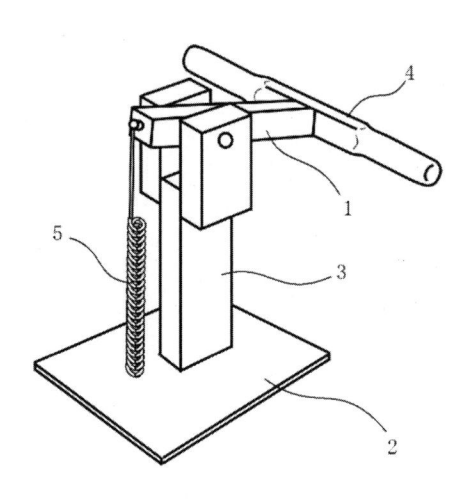

[Drawing 3]

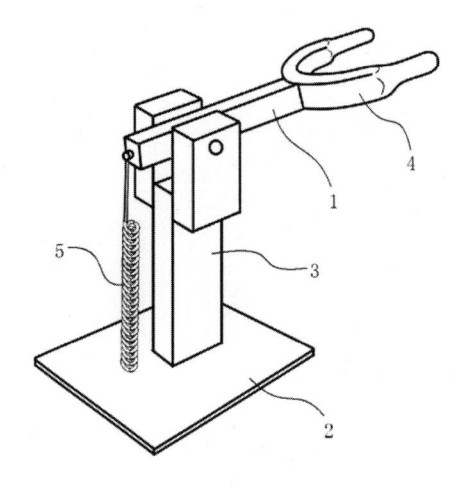

[Drawing 4]

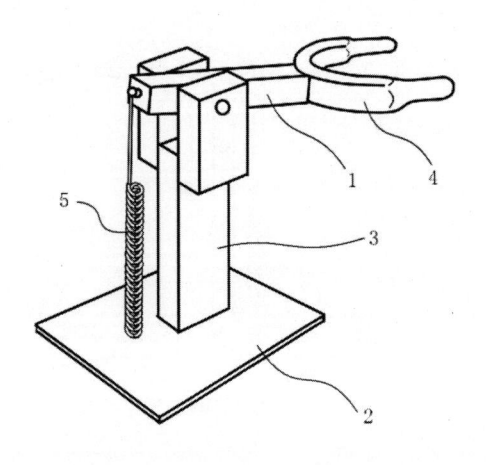

[Drawing 5]

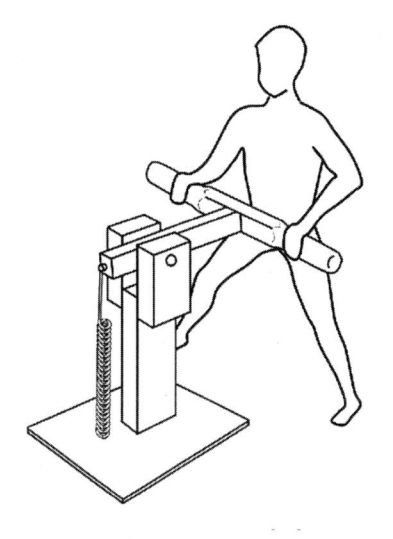

[Drawing 6]

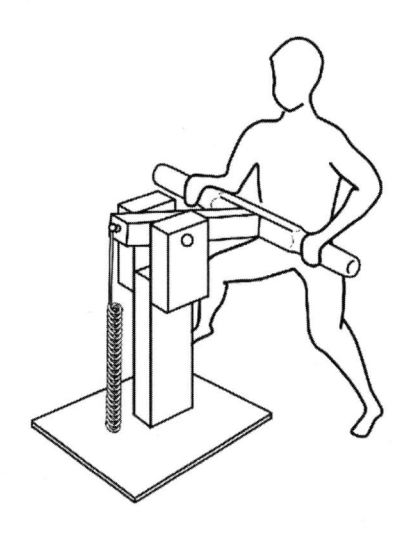

[Drawing 7]

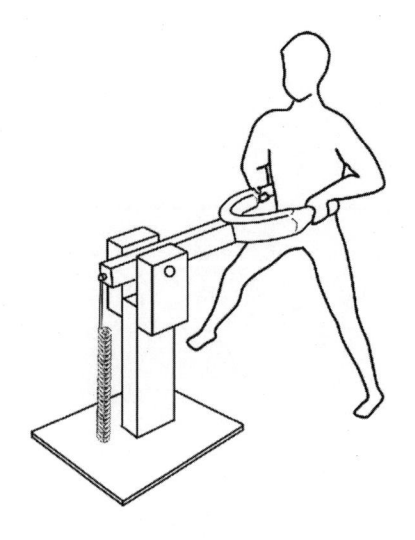

[Drawing 8]

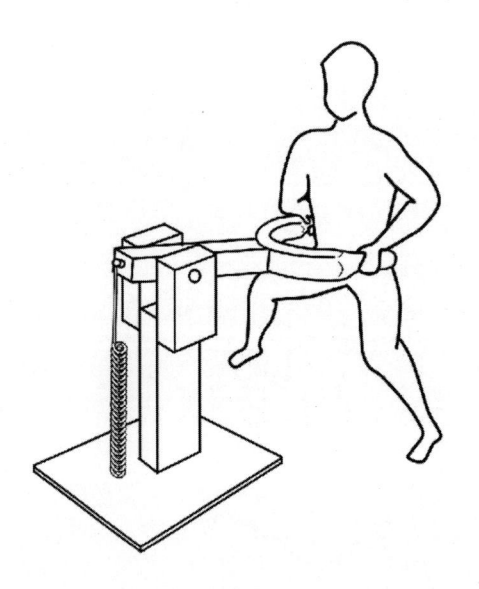

あとがき

　この健康器具は、持手部を持ちながら、バネの引張力を利用して膝を屈伸させる運動を繰り返し行うことで、健康の、維持増進を図ることができます。

　特に高齢者のように下股の可動範囲や運動力が低下した人でも、安全に屈伸運動を行うことが出来るように、運動をサポートする機能を有しています。

　これまで長い間、歩行器を使用したり、人の手を借りなければ自力で歩けなかった人が、本考案に係る健康器具を使用した実用テストを行ったところ、2週間程度の使用期間で、自力で歩けるようになるなど、下股の運動機能が大幅に改善しています。短期間の使用でも、その有用性は実証されており、更に本考案者本人は20年間の前立腺肥大症による尿トラブル、足のし.びれ、むくみ、歩行の不自由も快方にあって、下股の筋力強化運動の重要性を改めて痛感しています。

　物事は論より証拠で使用したものでなければその機能は分かりません。

　その他、本考案に係る健康器具は、足、腰、背中、肩、腕、身体全体の運動を同時に行える健康器具として、従来の健康器具にはない効果を得ることができます.

著者　根間一哲(ねまかずのり)

健康器具による足・腰の屈曲運動方法

定価（本体1,500円＋税）

２０１４年（平成２６年）９月１２日発行

No. NMK-019

発行所　IDF（INVENTION DEVLOPMENT FEDERATION）
　　　　発明開発連合会®
メール　03-3498@idf-0751.com　www.idf-0751.com
電話　03-3498-0751㈹
150-8691　渋谷郵便局私書箱第２５８号
発行人　ましば寿一
著作権企画　IDF 発明開発(連)
Printed in Japan
著者　根間一哲 ©

本書の一部または全部を無断で複写、複製、転載、データーファイル化することを禁じています。

It forbids a copy, a duplicate, reproduction, and forming a data file for some or all of this book without notice.